## 21世纪科学前沿 21st CENTURY SCIENCE

# 全球污染 Global Pollution

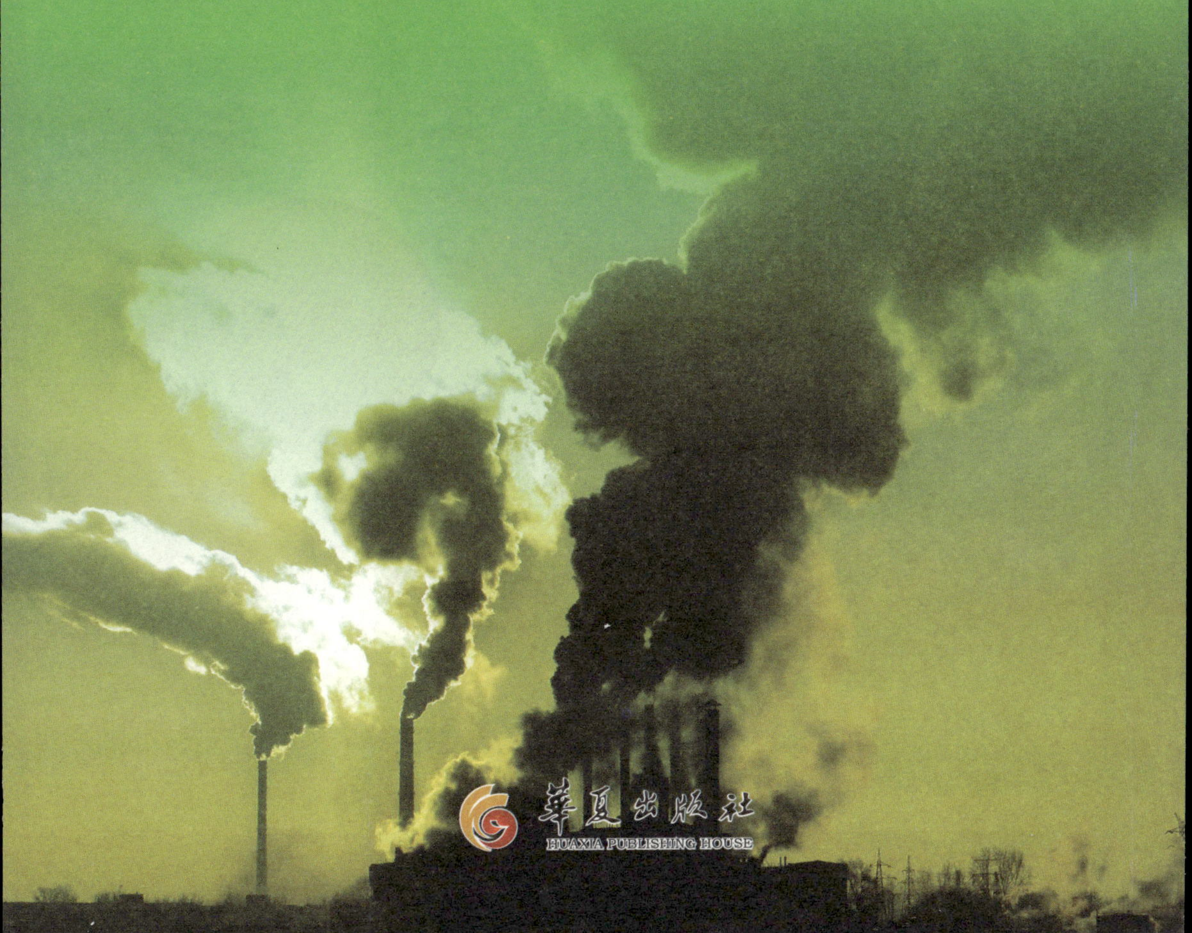

[英]丽贝卡·米尔汉姆 / 著　靳洁 / 译

图书在版编目（CIP）数据

全球污染 /（英）丽贝卡·米尔汉姆 (Rebecca Mileham) 著；靳洁译. ——北京：华夏出版社，2017.1
（21世纪科学前沿）
书名原文：21st Century Science: Global Pollution
ISBN 978-7-5080-8989-8

Ⅰ.①全… Ⅱ.①丽… ②靳… Ⅲ.①全球环境—环境污染—青少年读物 Ⅳ.①X5-49

中国版本图书馆CIP数据核字（2016）第252925号

21st Century Science: Global Pollution
First published in 2010
under the title 21st Century Science: Global Pollution by Tick Tock, an imprint of Octopus Publishing Group Ltd
Endeavour House, 189 Shaftesbury Avenue, London WC2H 8JY
Copyright © 2012 Octopus Publishing Group Ltd
All rights reserved.

版权所有，翻印必究。
北京市版权局著作权登记号：图字 01-2012-8558 号

### 全球污染

| | | |
|---|---|---|
| 作　　者 | [英] 丽贝卡·米尔汉姆 | |
| 译　　者 | 靳　洁 | |
| 责任编辑 | 王占刚　许　婷 | |

| | | |
|---|---|---|
| 出版发行 | 华夏出版社 |
| 经　　销 | 新华书店 |
| 印　　刷 | 永清县晔盛亚胶印有限公司 |
| 装　　订 | 永清县晔盛亚胶印有限公司 |
| 版　　次 | 2017年1月北京第1版 |
| | 2017年1月北京第1次印刷 |
| 开　　本 | 690×940　1/16开 |
| 印　　张 | 9 |
| 字　　数 | 70千字 |
| 定　　价 | 25.00元 |

华夏出版社　网址：www.hxph.com.cn　地址：北京市东直门外香河园北里4号　邮编：100028
若发现本版图书有印装质量问题，请与我社营销中心联系调换。电话：（010）64663331（转）

# 目录 Contents

**引 言**

垃圾污染 / 004
污染与生态系统 / 005
什么是污染？/ 006
世界的窗户 / 008
冰架的崩解 / 008
监测污染 / 010
烟雾、燃料和冰箱 / 013
污染与财富 / 016
采取行动 / 016

**第一章　解开污染的秘密**

藏在冰里的线索 / 022
古代的污染 / 023
冰、水和土壤中的历史 / 023
旅游景点 / 024
工业革命 / 024
改变的消极面 / 026
一项全球公约 / 029
法律与改变 / 029
一项清洁法案 / 031

**第二章　空气污染**

污染的检测 / 036
减少人类付出的代价 / 037
空气的破坏 / 038
污染之源 / 039
致命的泄漏 / 043
责任 / 044
工厂污染 / 045
破纪录的空洞 / 050
冰箱破坏臭氧层 / 050
臭氧空洞 / 052

**第三章　水污染**

水龙头里的干净水 / 056
节约用水 / 057
冰的魔术 / 058
河流污染 / 058
至关重要的水 / 059
海上灾难 / 064
肮脏的海洋 / 064
丑陋的秘密 / 066

像柠檬汁的雨 / 069
面临威胁的大厦 / 069
不在我家后院 / 072

## 第四章　土地污染

污染的沙漠 / 078
值得思考的事 / 079
母乳是最好的？ / 080
不会远离的化学品 / 080
12种污染物 / 081
政界中毒事件 / 084
二恶英的历史 / 084
有毒的废料 / 085

## 第五章　家里的污染

烹饪的能源 / 092
利用太阳能烹饪 / 094
吃快餐的代价 / 094
食物污染 / 095
检测，再检测 / 096
陷入困境 / 099
塑料问题 / 099
难闻的气味 / 100

## 第六章　环境污染

遮挡星空的亮光 / 106
更多的云 / 106

拯救鲸 / 107
引起鲸搁浅的噪音 / 108
噪音污染 / 109
辐射与污染 / 113
当时和现在的影响 / 113
放射性污染物 / 114

## 第七章　气候变化

气候变化与更强的飓风 / 118
温室气体 / 118
珊瑚告急 / 119
碳的循环 / 120
没有鳕鱼和炸鱼薯条可吃了？ / 121
节能从家开始 / 124
污染的大气层 / 125
有所不同 / 126

## 第八章　未来

当高科技遇上低科技 / 130
并不是一个单纯的科学问题 / 131
寂静的巴士 / 131
氢气经济 / 132
混合动力车更环保 / 133
停电危机 / 136
化石燃料正在枯竭 / 136
清洁的煤 / 137

名词解释 / 138

# 引 言

**环境灾难**

  1998年，一只海龟被海水冲上了苏格兰的海滩。兽医在它的胃里发现了57公斤的塑料袋，可能它把塑料袋当成可以吃的水母吞了下去，结果这些塑料制品堵塞并损坏了它的内脏。据估计，每年因误食塑料垃圾或被塑料制品缠绕致死的动物就有10万多只（其中很多是鸟类），这只海龟不过是其中之一罢了。

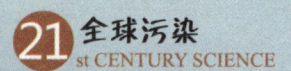

▼ 玳瑁是一种受到人类活动威胁的濒危海龟。

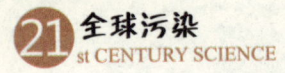

## 垃圾污染

垃圾是一种常见的污染。如果你有乱扔垃圾的不文明行为,那么在有的城镇你可要当心了,你将面临被当场罚款的危险。这种做法旨在减少如潮的垃圾,它们让街道、乡村和海滩变得既肮脏又危险。

▼ 这只海鸥被塑料包装袋缠住,溺水而亡。人们需要安全丢弃垃圾,避免伤害野生动物。

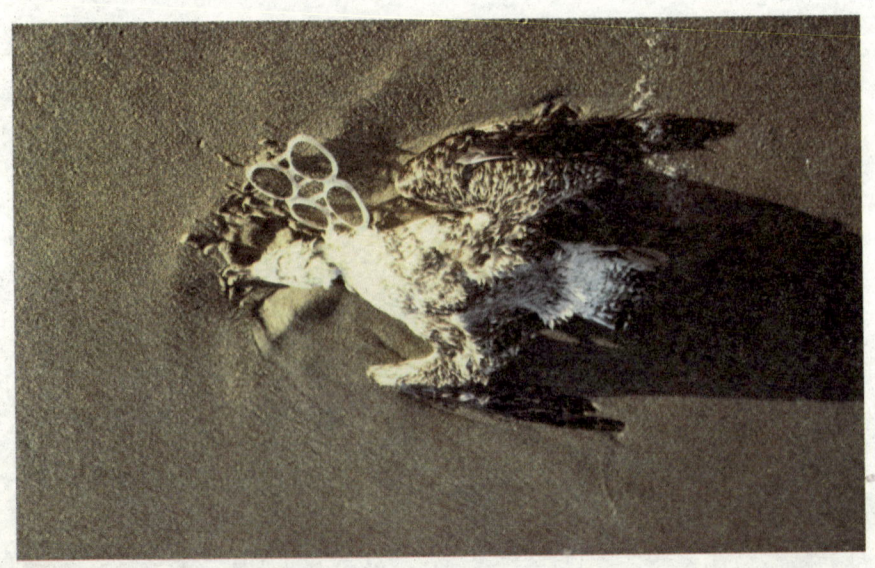

## 污染与生态系统

　　和其他形式的污染一样，垃圾是一个让人类自作自受、自食苦果的问题。污染影响着我们呼吸的空气、饮用的水和赖以生存的土地。由于地球上很多自然系统都相互关联，所以一个地方的污染很快就会出现在别的地方，比方说，如果一个农民在土地上过度使用杀虫剂，多余的农药就会流入当地的河水和溪水中，最终可能引起海水污染问题。除此以外，还有二氧化碳的排放问题，比如，汽车燃烧化石燃料时释放出的二氧化碳会引起全球变暖问题。

　　世界各地的人们不同的生活方式往往造成了不同程度的环境污染。西方国家的生活方式常常让人类付出更大的代价，而欠发达地区的经济发展也时常伴随着更严重的环境污染。居住在地球上的每一个生物——人、动物和植物——都会在某些方面受到污染的影响，因此，60亿人口都应该担负起清洁地球的重任来。

# 21 全球污染
st CENTURY SCIENCE

## 什么是污染?

污染指的是人类使用的可能导致危险的物质或能源,它们可能对人体健康、生活资源与生态系统、建筑物或服务业造成影响。其主要领域有:

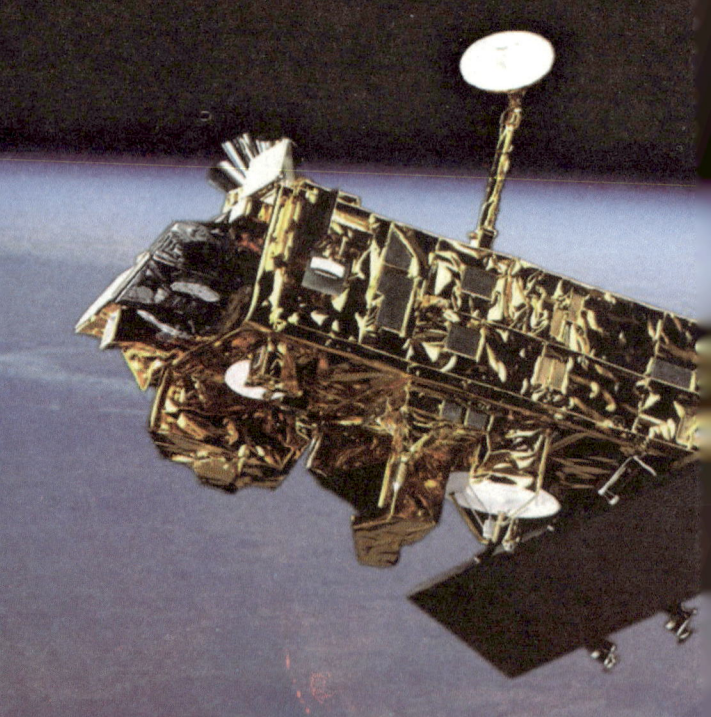

- 空气污染——空气污染的主要原因是交通和工业生产。
- 水污染——饮用水、河水和海水的污染,以及酸雨。
- 土地污染——农业、制造业和相关的污染的影响。
- 家里的污染——在烹饪、吃饭和穿衣的时候我们遭遇的污染物。
- 环境污染——光污染、噪音污染和辐射。
- 气候污染——气候变化和污染对它的影响。

▼ 高科技卫星欧洲环境卫星是迄今为止人类建造的最大的观察地球的宇宙飞船,它可以观测地球上的土地、大气、海洋和冰盖。

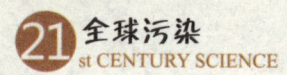

2002年3月,当一枚火箭从法属圭亚那发射升空时,全欧洲的人都屏住了呼吸。火箭上装载的是欧洲最大、最昂贵的卫星欧洲环境卫星,这颗卫星上载有10个用来观测环境的传感器。欧洲环境卫星的制造者希望他们发明的新工具能给世界打开一扇窗,透过这扇窗,他们用令人难以置信的精确度展现污染、人类生活方式、自然现象和灾难正在影响着我们生活的这个星球。发射过程十分顺利,欧洲环境卫星开始了环绕地球的第一次旅程,单圈时间是100分钟。

两个星期过后,欧洲环境卫星在既定的时间和轨道中正常运行着。卫星上的照相机捕捉到了南极拉森B冰架分崩离析的壮

▼ 1986年切尔诺贝利核灾难后,一个身着防护服的工人在往一栋大楼喷洒净化剂。

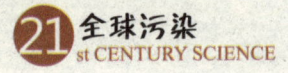

观过程。这是最新的证据,可以证明大气层变暖如何影响南极半岛,从而诱发这个地区冰架的分离。科学家仍然在调查冰架崩裂背后的原因,是不是应该完全责怪导致大气层变暖的元凶人为污染呢?

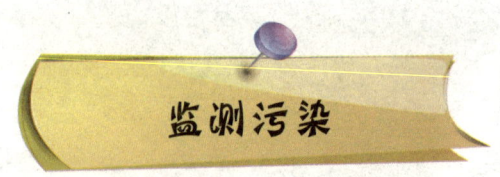

并不是所有污染的影响都明显到有迹可循。如果由于污染的影响,海洋每天变脏一点点,变暖一点点,那么就要经过许多年这个影响才会凸显出来。比如,切尔诺贝利核灾难释放的辐射物是看不见的,但是却具有持久的破坏力。欧洲环境卫星是最新的工具,可以帮我们呈现出人类对地球造成的长期影响。卫星上搭载的仪器还提供了不同航程的数据,从中可以看出地球是怎样随着时间改变的。普通百姓、政治家、科学家都需严肃对待这个证据。

课题研究：

## 从太空观察污染

**研究内容**：这次调查的目的是找到如下问题的答案：人类制造了多少污染？在大气层中它们藏匿在何处？它们是如何影响气候变化的？

**研究团队**：约翰·伯罗斯是德国不来梅大学环境物理与远程遥感研究中心的主任，他和他在欧洲太空学会的研究小组正在进行有关欧洲环境卫星上搭载的扫描成像吸收光谱仪的研究。

研究过程：扫描成像吸收光谱仪的工作是收集大气层中各种气体的数据，将它们的数量、位置和成分用3D图像呈现出来。为了完成任务，它收集、测量被地球大气层或地表传播、反射和散射的太阳光，地表常处在紫外线和红外线的包围之中。

研究结论：从扫描成像吸收光谱仪可以看出，主要产生于大气层低层的污染经由风吹四处扩散，正影响着整个地球。污染数量的增长与人口的增长、人们生活水平的提高成正比。

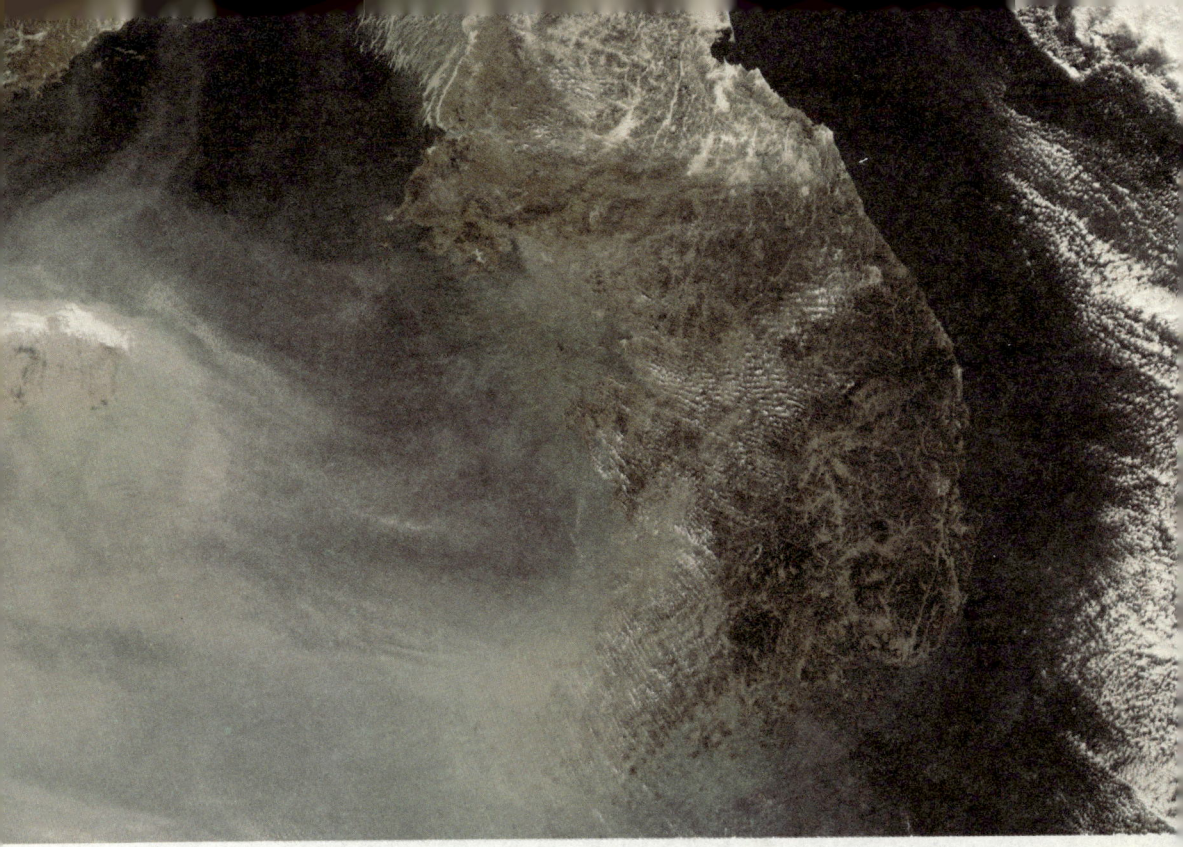

▲ 中国的工业生产制造出的空气污染从这张卫星照片中清晰可见。

## 烟雾、燃料和冰箱

中国某地的焦化厂在为中国钢铁工业提供燃料的同时也制造了大量的烟雾，漫天的烟尘使有的城市黯然失色。当地居民抱怨他们因此患上了皮肤病、呼吸道疾病、心脏病，甚至癌症。在2008年北京举办奥运会期间，政府关掉了这些工厂，但只是暂时

关闭而已。中国13亿人口中很多人的生活水平在不断提高,他们拥有了汽车、冰箱和洗衣机这些在别的地方也被视为理应拥有的东西。但是,对钢铁的需求却带来了巨大的污染问题。

▼ 北京的空气污染正成为危险的健康杀手。

## 污染与财富

伊朗的首都德黑兰也有类似的情形。在过去20年间,这个城市的人口增长至1400万,车辆估计有200万辆。如此严重的污染水平付出的代价是每年约有5000人因污染问题死亡。烟雾浓度达到危险水平时,学校被迫关闭。一些欧洲城市也遇到了类似的问题。意大利北部的城市经常遭遇烟雾的袭击,原因就是交通、供热系统产生的烟雾在干燥的天气里大量囤积,经久不散。

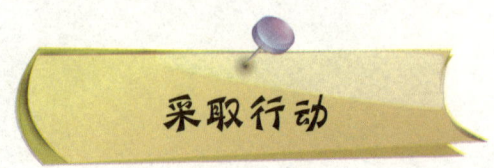

## 采取行动

意大利当局已经在进行交通管制的实验,鼓励人们骑自行车或轮滑鞋出行。伊朗的领导人也保证会在大城市逐步淘汰污染严重的汽车,解决污染问题。在中国的唐山,环保人士相信媒体对污染问题的不断报道终会使人们对肮脏的焦化厂采取行动。

**研究内容**：一个科学小组开展了一项研究，旨在探寻近年来中国工业的快速发展正在如何影响着这个国家的气候和空气质量。

**研究团队**：研究小组来自美国能源部，由美国华盛顿州的太平洋西北国家实验室的气候物理科学家钱赞率领。

**研究过程**：钱赞和他的研究小组研究了全国500多个气象站过去50年的记录。他们考察了太阳辐射（太阳光引起的地表热量）水平的信息记录，以及晴朗或多云天气的数量的记录。通过使用这些数据，他们制作出气候模型，以便更好地理解污染的影响。

**研究结论**：中国的天空比50年前明显灰暗了许多。中国的太阳辐射已经减少了，尽管晴天更多了。研究人员称，这是由于化石燃料污染引起大气烟雾所致。较之过去的50年，排放物的数量也增长了9倍，而这相应地增加了酸雨和呼吸道疾病的发生率。

# 第一章　解开污染的秘密

## 一个现代问题？

污染问题由来已久，早在现代工厂建立前就出现了。肮脏的烟雾、有毒的颗粒在古代就是个问题——而且我们现在还能找到线索。在古老的矿区发现了铜和铅污染的证据，这可以直接追溯到青铜时代。

# 21 全球污染
## st CENTURY SCIENCE

▼ 在阿拉斯加，一位科学家取出一块冰核（中），而另一位科学家正在测量第二块冰核（前）。

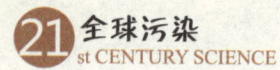

## 藏在冰里的线索

格陵兰岛发掘出的冰柱得以让人一窥8000年前地球气候的化学成分。通过分析长达1000米的冰核,科学家发现冰里含铅量激增的年代正好是强大的希腊、罗马帝国崛起的时代。

▼ 泥煤的苔藓从空气中吸收污染物。从泥炭沼10米以下深度提取的样本中可以看出这些污染物来。

## 古代的污染

专家认为,铅污染的来源是古代的炼银厂,在那里人们将铅矿石熔化,提炼出珍贵的金属。希腊人率先大规模地应用这门技艺,为其战争取胜提供了资金上的保障。罗马人比起希腊人更是有过之而无不及,罗马帝国时代的铅污染与早期现代工厂制造的铅污染简直不相伯仲。一些研究指出,铅中毒可能影响了富裕的罗马人的生理和心理健康,从而加速了罗马帝国的灭亡。

## 冰、水和土壤中的历史

如果科学家可以从过去——包括最近和很久以前——发现污染的水平,就能帮助他们预计现在的污染将来可能会产生什么样的影响。如同从冰核里获取信息一样,他们也调查从湖底收集来的沉积物。这提供了一个关于长久以来影响湖水的污染物的丰富

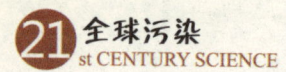

信息源。泥炭沼提供了另一种寻找污染历史的方法。生长在沼泽里的苔藓从空气中吸收营养物的同时也吸收了污染物。这些污染物埋藏在泥煤的积层里,地理学家可以找出它们的年代。

如果现在去伦敦旅行,你很可能会把重点放在欣赏议会大厦和"伦敦眼"(摩天轮)上。但在19世纪,人们来伦敦旅行的原因却截然不同。天气冷的时候,这个城市会被一层黄黑色的烟雾紧紧包裹,因此它以所谓的"黄色浓雾"闻名于世。

工业革命见证了英国工厂遍地开花的盛况,这些工厂的动力都源于烧煤的锅炉产生的蒸汽。无风的天气里产生的烟雾,如果

遇上低风加速就会困在接近地面水平的停滞的空气中。冬天，人们为了取暖燃烧了过多的煤炭，加上附近工厂产生的烟雾和二氧化硫，污染问题更加严重。呼吸道疾病夺走了很多人的生命。

▼ 1952年，一艘拖船在塔桥附近的泰晤士河上冒着浓雾前行。

## 改变的消极面

工业革命既有积极的一面,也有消极的一面。今天在那些生活水平还不太高的国家里,人们想方设法获取那些给英美及其他西方国家人们的生活带来巨大改变的东西。不管这样发展经济好处有多少,毋庸置疑的是,代价一定不会小。虽然整体生活水平也许会提高,但垫底的往往都是成千上万的低收入的工人——有时候甚至包括孩子。煤矿和工厂留下了大片被有毒的工业副产品污染的土地。导致气候变化的元凶——大气中二氧化碳气体——的水平自工业革命开始以来就一直居高不下。一些河流和溪流现在仍能看出由工业革命污染引起的酸雨的影响。

▶ 在玻利维亚,美洲驼的粪便被用来降低煤矿漏水的酸度。

## 课题研究：

### 美洲驼的粪便能清理污染吗？

**研究内容：** 科学家想解决有毒元素的问题，如从废弃的罐头盒和玻利维亚的银矿中泄漏的镉污染了这一地区的主要水源。他们的想法是用垃圾材料处理污染的矿水。

**研究团队：** 负责这次调查的是英国纽卡斯尔大学民用工程与地理科学学院的保罗·杨格教授和玻利维亚当地的一名工程师马科斯·阿尔塞。

**研究过程**：在五个月的实验中，科学家用一系列的容器来混合矿水、石灰以及现成的美洲驼粪便。这些混合物吸收了矿水里的高浓度酸，与此同时粪便帮助中和了酸度。

**研究结论**：正如杨格教授所希望的那样，美洲驼粪便起到了很好的效果，水的酸度显著下降。他之前在英格兰北部的煤矿用牛粪和马粪也做过类似的实验。

## 一项全球公约

1990年,来自全球各国的政府首脑齐聚日本东京,商讨气候事宜。最后,《京都议定书》出台,这是一项降低温室气体排放的承诺,具有重要的历史意义。截至2009年,已有183个国家签署了这项公约。按照《京都议定书》的要求,工业国家同意降低温室气体的集体排放量,与1990年相比,要低最少5.2%。这些问题并不容易解决,但起码《京都议定书》成为各国开始合作、共同解决环境问题的途径之一。

## 法律与改变

《京都议定书》是一项国际公约,所以它不可能像法律一样强制实施。一些环保人士认为,它的措施收效甚微、实施太迟,难以从全球变暖的危机中挽救人类。在很多地区,全球变暖就意

# 21 全球污染
## st CENTURY SCIENCE

▲ 现在，很多工业活动引起了空气、土地和水污染。重要的是，政府应该致力于控制这些潜在的对地球的威胁。

味着灾难。但是法律上的解决办法往往只能帮助那些法律与技术发展同步的国家控制污染。1953年年初，在大雾笼罩伦敦四个月后，英国政府实施了《清洁空气法》。肮脏的烟雾糟糕透顶，导致电影院和剧院纷纷关门歇业，因为观众根本无法看清银幕和舞台。医生将1.2万人的死亡归因于这些烟雾。1963年，现代的清洁空气法在美国正式开始实施，尽管此前像芝加哥、辛辛那提这样的城市早已对大气污染有了法律上的控制。

一项清洁法案

英国的清洁空气法迫使工厂和家庭使用更清洁的燃料来发电和取暖。结果是，截至2005年，许多河流、湖泊和溪流开始从污秽燃料引起的酸雨效应中恢复过来。特别是从烧煤到烧天然气的改变使水中的硫黄含量减少了一半，促进了鱼、植物和昆虫数量的增长。

## 21 全球污染

▲ 像英国布雷肯这样的高地溪流也被检测到含有硫黄污染。

## 课题研究：

### 从酸雨中恢复过来的英国

**研究内容：** 一组科学家对英国的河流和水道如何对抗酸雨效应做了深入的调查。这个研究小组的目标是应用他们水科学方面的专业知识和对人类如何影响水生态系统的了解去解决环境问题。

**研究团队：** 这个科研小组来自伦敦的大学学院环境变化研究中心，由里克·巴塔比教授率领。

**研究过程**：科学家在英国高地地区的湖泊和溪流中选取了22个点进行监测，他们测量了水的酸度和硫黄污染的水平。

**研究结论**：在过去的15年中，水的酸度降低了一半，很多种类的植物和动物又重新出现了。出现这种改善的一个主要原因是，科学家运用新技术将硫黄从英国两大发电站排放的废气中去除了。

# 第二章　空气污染

**呼吸更轻松！**

　　看那一排排列队喷气的火车、汽车和公交车，城市道路似乎不再是最有吸引力、最干净的散步场所。不过最近的研究发现，其实步行还不是最糟糕的选择。事实上，乘坐公交车或出租车出行会让人更多地暴露在污染中。

## 污染的检测

这样的结果可以帮助科学家理解和监测交通污染。机动车的发动机排放出许多损害人体健康、破坏环境的污染物，包括一氧化碳、氮氧化合物、挥发性有机化合物、可吸入颗粒（小到可以

吸入的微粒)以及一些国家使用的含铅汽油中的铅。每台发动机只排放微量的污染物,但累积起来数量却很惊人。专家预计,到2020年全世界上路行驶的汽车将达到10亿辆。

## 减少人类付出的代价

户外空气污染损害了超过11亿人口的健康,其中主要是城市人口。据世界卫生组织估计,如果一氧化碳、可吸入颗粒和铅减

◀ 更高效发动机的好处——使用更少的大气污染物——由于路上行驶的机动车数量的增加而逐渐消失。

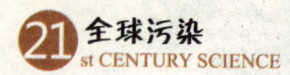

少的话，发展中国家每年约有70万例死亡是可以预防的。好消息是非洲南部所有的国家现在都承诺转而使用不含铅的燃料，只有北非和亚洲的一些国家还未跟上改革的脚步。

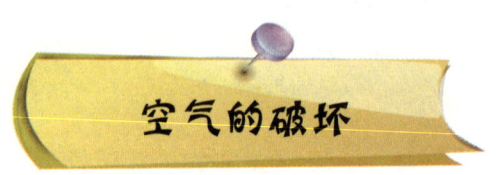

## 空气的破坏

甚至在婴儿出生以前，污染就已经在他们正在发育的身体里起作用了。据世界卫生组织报告，当胎儿还在子宫里生长的时候，空气污染就可以损害他们的肺了。导致这种损害的污染物是可吸入颗粒，它是空气中的微小颗粒，既可能源于自然，如海洋飞沫，也可能源于人类活动，如燃烧化石燃料。如果这些颗粒的宽度小于10微米（一根头发丝宽度的1/5）时，他们就被称作PM10。人类的鼻子无法将PM10的颗粒过滤掉，因此它们可以穿透母亲的肺——潜在地危害到胎儿的健康。

▲ 这些是显微镜下的可吸入颗粒，它们是由汽车的尾气排放出来的。

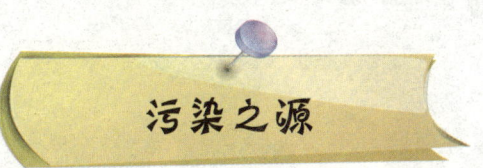

## 污染之源

　　这个污染例子中的罪魁祸首并不是你可能预想的交通污染。因为欧洲儿童90%以上的时间都待在室内，所以他们暴露在室内空气污染源中的情况更多。很多欧洲家庭用来取暖的固体燃料是

第二章　空气污染

危害儿童健康的PM10颗粒的主要来源。世界卫生组织认为，解决这个问题的最好办法就是鼓励家庭放弃使用固体燃料，转而使用更清洁的液体或气体燃料。

据世界卫生组织的数据显示，欧洲四岁以下儿童死亡案例中超过1/3是因室内可吸入颗粒所致。这些疾病包括严重的呼吸道感染和哮喘，许多小孩因患肺炎在医院去世。室外由交通污染产生的可吸入颗粒也同样发挥着它们的威力。每年都会有数千名儿童死于相关的呼吸道感染、哮喘、出生体重过轻和肺部无法正常工作等疾病。如果这些可吸入颗粒的水平能降至欧盟的指导线水平，即每立方米40毫克，那么每年就能挽救5000多人的生命。

▼ 固体燃料包括木头、焦炭、煤和泥煤，这些燃料释放出的可吸入颗粒会损害我们的健康。

**研究内容**：在史上关于空气污染与儿童健康的用时最长的研究中，研究人员用了10年的时间监测儿童，以了解空气污染对他们肺部健康造成的影响。

**研究团队**：负责这次调查的是来自美国南加州大学凯克药学院的约翰·彼得斯教授和他的研究小组。

**研究过程**：在儿童健康研究中，科学家测试了

3000多个青少年的呼吸道功能，他们在更小的时候也接受过检测。每年他们让每个孩子做一次深呼吸，然后测量他们呼出空气的最大容量和最快速度。

**研究结论**：儿童的肺部功能通常发育稳定，直至成年。那些在污染最严重的地区长大的孩子，其肺部功能比正常孩子少80%。由汽车尾气和化石燃料燃烧引起的严重空气污染将肺部功能发育不良的风险增加了五倍，仅次于吸烟的风险。到目前为止，这个研究小组还无法确切地知道空气污染是怎样危害肺部健康的，但是他们相信，由日常污染引发的炎症可能起了一定的作用。

## 致命的泄漏

1984年12月2日晚上，位于印度博帕尔市的一家农药厂发生毒气泄漏。令人难以置信的27吨有毒异氰酸甲酯从工厂溢出，在城市中迅速蔓延，致使50万人暴露在毒气中。很快，成千上万的人因肺部充满毒气而丧生。自这次事故以后，又有1.5万人死亡，还有12万人仍在遭受着与毒气泄漏相关的严重的健康问题。

▼ 1984年，印度博帕尔市的美国联合碳化物公司农药厂发生毒气泄漏，导致50万人伤亡。

第二章 空气污染

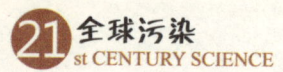

博帕尔市的悲剧所造成的后果至今仍在延续。1999年,在对事发地点附近的地下水和井水进行检测的时候,检测人员发现有

▲ 封存在冰里面的气泡储存了数千年来空气污染的信息。

毒元素汞的水平仍然高于安全水平数千倍，而且水里还含有其他能导致癌症、出生缺陷和脑损伤的化学物质。这家农药厂所属的美国联合碳化物公司因为这次泄漏事件被告上法庭，但是它却拒绝出庭听审。博帕尔市的化学品泄漏事件常被称为"史上最糟糕的工业灾难"，它是工业污染的一个极端例子。世界各地的工厂和发电厂每天在为人们生产产品、提供能源的同时也在释放着各种污染物。

工厂污染

从南极冰核中提取的最新证据显示，现在地球大气层中温室气体的水平高于过去65万年的水平。而且，令人担忧的是，这个数字正在以前所未有的速度迅速攀升。工厂是导致这种情况出现的元凶之一，燃烧化石燃料时排放的硫黄也导致了酸雨问题。

## 全球污染

### 科学生涯

托马斯·斯托克是瑞士伯恩大学气候与环境物理学的教授，他获得了环境物理学硕士学位，并在苏黎世、伦敦、蒙特利尔、纽约及夏威夷火奴鲁鲁的大学中担任教职。

### 一日掠影……

作为南极冰核钻探项目EPICA的负责人之一，斯托克教授正在寻找地球大气层中温室气体含量变化的证据。这个研究小组通过国际合作钻探冰核，发现了当时气候中存在的各种气体，这些气体在冰形成时期被封存在里面,形成了微小的气泡。他们已经钻探到3000米的深度,年代可以追溯到80万多年前。

### 斯人斯语……

"最重要的是,我们可以把当前二氧化碳和甲烷的水平放在一个长远的背景中来考虑。我们发现,二氧化碳的水平比任何时候都高出约30%,而甲烷则高出了130%……增长率绝对惊人:二氧化碳的增长比过去80万年中的任何时候都快100多倍。"

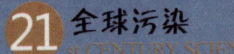
## 21 全球污染

▼ 科学家在南极洲的南极科考站发射了臭氧无线电探测仪,这个通过气球传输的仪器可以用来测量臭氧层的垂直量变曲线。

## 破纪录的空洞

2006年夏,当人们在海滩度假的时候,科学家正在监测迄今为止臭氧层里最大的一个空洞。这个空洞每年在南极上空打开,其面积已扩展到两个欧洲那么大,最终覆盖了一片2000多万平方公里大的区域。这是到目前为止记录在案的最大空洞。

## 冰箱破坏臭氧层

臭氧层是地球的保护伞,帮助地球阻挡太阳发射的紫外线,因为紫外线对人体健康有害。臭氧层处在高高的平流层里,平流层是地球大气层中的一个区域,由于没有颠簸的气流,飞机通常在此区域中飞行。最先发现地球臭氧层的破坏是在20世纪80年代,科学家确认元凶是一种名字十分绕口的物质,叫氟氯烃,这种物质被用来作为冰箱和空调的制冷剂。这些完全人工合成的化

▲ 从电脑模型上看，2003年南极上空的臭氧空洞比整个北美大陆还大。

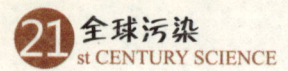

学品出现不过短短50年时间,但它们对地球的影响却已经不容小觑。氟氯烃在平流层中分裂,释放出氯原子,它们可以摧毁成千上万个保护地球的臭氧分子。

臭氧空洞

科学家意识到臭氧的消耗意味着人们患皮肤癌的风险会增加。植物和动物也受到辐射水平变化的影响。由于担心这种情况会继续恶化,1987年,世界各国领导人将《蒙特利尔公约》付诸实施,它限制了氟氯烃和相关化学品的使用。虽然这项公约非常成功,但是一个新的问题又出现了,过去几十年来越来越冷的极地冬天再次增加了臭氧数量的消耗。科学家正严密地监视着下一步的发展。

**科学生涯**

盖尔·布罗滕是瑞士日内瓦世界气象组织的高级研究人员,他主修化学,专攻分子光谱学(用频率来确定化学分子的构成)。在来挪威空气研究院之前,他在美国的加利福尼亚州工作。

**一日掠影……**

盖尔是监测臭氧消耗方面的专家,他和在世界气象组织工作的同事一道使用大气数据,这些数据大多通过臭氧无线电探测仪收集而来。臭氧无线电探测仪是一种监测臭氧和气压、温度和湿度的轻量型探测仪，科学家通过气球将它们送入南极和北极上空的平流层。同时，他们也使用扫描成像吸收光谱仪传来的数据，这个光谱仪为欧洲太空学会的卫星欧洲环境卫星上搭载的大气制图仪工作。

### 斯人斯语……

"虽然消耗臭氧的物质的水平一直在下降，但是在未来的许多年里臭氧层仍然会遭到破坏。平流层低于平均温度的寒冷天气也导致了近来如此大面积的臭氧空洞。"

# 第三章　水污染

## 无水可饮

在非洲西部国家马里，1100万人口中只有一半能喝上干净水。再没有比首都巴马科附近的贫民窟情况更糟糕的了，这里过度拥挤、毫无规划，既没有流动水，也没有下水道或合适的卫生间。临时代用的公共厕所经常很快就填满了粪便，并且四处流淌，污染了浅井里的水。这些井是人工挖掘的，本来就不深。

## 水龙头里的干净水

在巴马科，国际慈善组织水资源慈善会用实际行动来帮助当地居民。他们出资修建了一个基础设施，可以把干净的流动水引入贫民窟，然后培训当地人维护和操作这项系统。这个组织募集的善款足够使这个项目运行和投资其他的发展活动。由于每天用在挑水上的时间减少了，所以有更多的孩子可以到学校去上课。不过，全世界还有大量的工作需要我们去做。现在每15秒就有一个儿童死于由饮水传染的疾病，如霍乱、伤寒和痢疾。在孟加拉，人们赖以生存的井水出现了问题——被砷污染了。政府在20世纪70年代开凿了数百万口新的深井，人们再也不用喝污染

▲ 在非洲加纳的加布里格廷吉，水资源慈善会出资在村里打水井，图为一群村民正用各种器具搬运碎石。

▼ 中国的哈尔滨每年都要举办冰雪节。2005年，一次大规模的有毒化学品泄漏，污染了流经哈尔滨全城的松花江。

的地表水了，但是砷却通过土壤渗入饮用水中，引发了癌症和令人痛苦的器官损害症。

节约用水

应该提醒生活在供给良好的西方国家的人们，干净水是宝贵的东西。在发达国家，人们可以做很多事情来避免水的浪费，比

第三章 水污染 057

如，刷牙的时候可以关上水龙头；给卫生间安装节水型马桶，这样每次冲洗时就不会那么费水了。这些水对于生活在西方国家的人来说不过是沧海一粟罢了。

## 冰的魔术

中国的哈尔滨每年都会举办被称为世界奇观之一的冰雪节。世界各地的雕塑家们不远万里来到这里，奉上他们的杰作。他们将120万立方米的冰和雪雕刻成散发着美丽光芒的大厦、迷宫和其他景观。

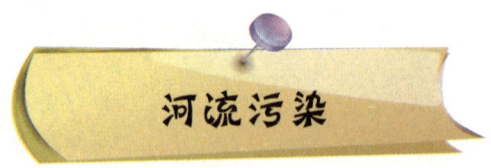
## 河流污染

2005年11月，哈尔滨遭遇了一次有毒化学品泄漏事件，污染了松花江。在哈尔滨的上游，一家石化公司发生爆炸，释放出数吨的危险化学品，污染了河水，致癌物苯的水平超过安全指标数倍。这些溢出物经过两天的时间流过哈尔滨，毒死了河里的鱼，致使有关当局关闭了全城300万人口的供水渠道。

至关重要的水

数百万人以及数不清的动物和鸟类的日常生活依赖着河水。河流也是旅行和运输货物的重要途径。但是污染给河流造成了巨大的负担，它们自身往往无法处理这些污染。世界上只有不足1%的水是可供我们使用的新鲜水，剩下的要么冻在极地冰盖里，要么流入了海洋。

污水未经处理或只经部分处理就排放到河里，是对河水最大的污染。食物废料、多余的农药、化肥以及工业生产排放的化学品也给河水和溪流造成了巨大的负担。很多这种类型的污染都会助长细菌滋生，吞噬河里的自然氧气，伤害原生物种。即使工厂排放的水是干净的，但如果温度偏高，也会破坏自然平衡，导致鱼类和植物的死亡。

## 21 全球污染

**科学生涯**

前威尔士橄榄球队球员桑迪·布朗致力于研究环境污染问题,他现在是自然英格兰组织的排水敏感型农业部的官员,这个组织的目标是保护英国的自然环境。

**一日掠影……**

桑迪·布朗与当地的土地所有人和农民合作,保护和恢复坎布里亚郡湖区的巴森怀特湖。这个地区是自然保护区,生活着鹦和一些濒危鱼类。从化肥和动物粪便以及松散的土壤中产生的磷酸盐进入湖水里,破坏了水质,对野生动物造成了危害。自然英格兰组织致力于清理水质,他们劝说人们在农场上使用更好的处理设备和污水处理系统,同时也与农民和当地企业分享信息,鼓励他们关注环境。

**斯人斯语……**

"我们为提高水质而工作,农民在其中起着关键作用。从2005年以来,巴森怀特地区97%的农民与我们合作,减少土壤流失,控制化肥使用。这对农民、水质的未来和环境都是个好消息。"

# 21 全球污染
st CENTURY SCIENCE

062

▼ 从海上或沿海水域的船只里经常溢出浮油，威胁海洋野生动物的安全。最糟糕的溢出物可以影响整个生态系统。

2006年1月31日晚,一艘途径波罗的海的轮船在爱沙尼亚的海岸边发生泄漏,致使20吨燃油流入海中。这艘船的身份一直未能得到确认。到第二天下午,当地居民看见浮油来到岸边,随之而来的是成百上千只鸟的尸体。

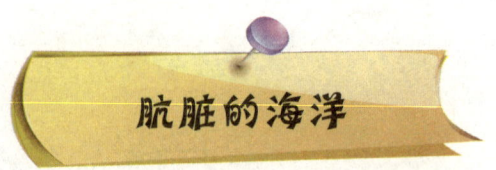

专家们担心这次爱沙尼亚漏油事件会将多达1.2万只鸟置于危险境地。这些鸟中包括许多珍稀物种,如金眼鸭和长尾鸭。而与过去的同类事件相比,这次浮油的规模还不算大。著名的灾难有"埃克森·瓦尔迪兹"号漏油事件,1989年,"埃克森·瓦尔迪兹"号油船在阿拉斯加港湾搁浅,3.8万多吨原油泄漏,导致25万只海鸟、数千只水獭、数百只老鹰和20多只鲸死亡。

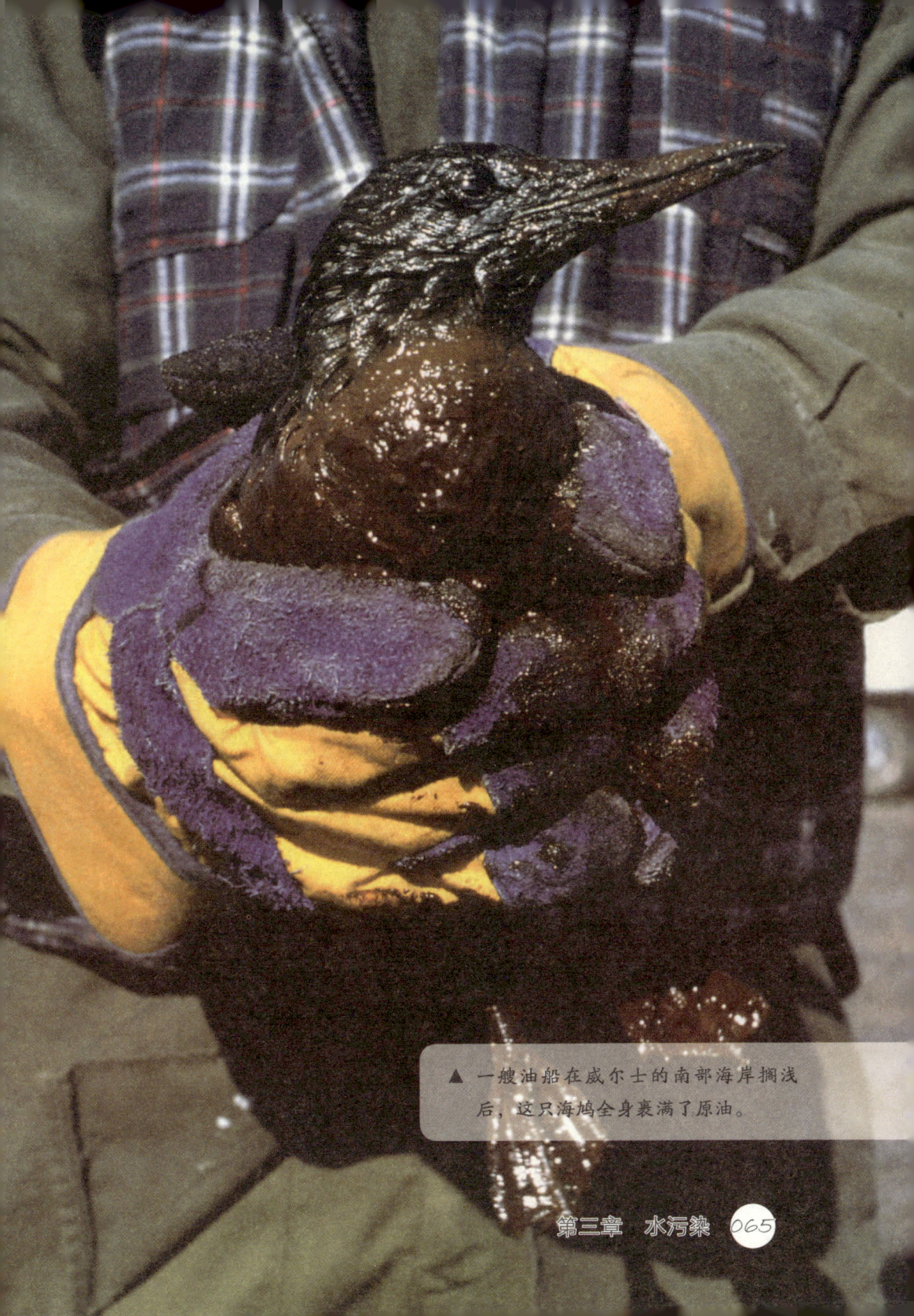

▲ 一艘油船在威尔士的南部海岸搁浅后,这只海鸠全身裹满了原油。

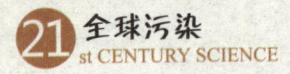

我们这个蓝色星球的表面超过71%的面积是由海洋组成的。它看起来浩瀚无垠,但人类活动对海洋和那些依赖它生存的生物的影响越来越大。

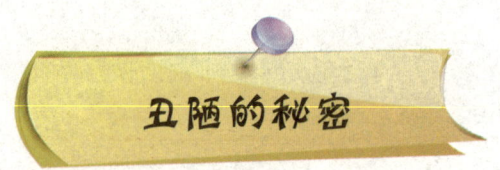

丑陋的秘密

直到1989年法律才规定向海洋倾倒垃圾是违法行为,在此之前,各种船只每年向大海倾倒多达600万吨垃圾,包括塑料、玻璃、罐头、木头和食物废料。污水是导致大海变肮脏的另一个秘密,每天都有数百万公升的污水流入沿海海域。又脏又臭的污水携带着毒害海洋生物的细菌和病毒。农用化学品和工业垃圾进入河流,流经下游水域,汇入海洋。这些污染物的影响可能会导致贝类畸形生长,海洋生物繁殖能力下降。

水里的砷

**研究内容：** 数百万生活在南亚泛滥平原和三角洲地区的村民在地表水被污染以后，只能依赖浅井水为生。然而孟加拉的这些井水却遭遇了砷污染，科学家想知道其中的原因。

**研究团队：** 这次调查由曼彻斯特大学的乔恩·劳埃德教授和他的研究小组与孟加拉格利亚尼大学的科学家及研究员合作完成。

研究过程：这个小组从西孟加拉的水井中提取出沉淀物的样品，用矿物学、地球化学和微生物学的技术来进行分析。将这么多的科学检测手段组合在一起还是第一次。

研究结论：这个小组发现，土壤里的细菌可以把砷从水井周围的土壤中剥离出来，沉积到水中。这种生物体在水里氧气不多的时候最为活跃，所以解决这个问题的一种办法是把空气注入水中来阻止砷的释放。

## 像柠檬汁的雨

在自然状态下，雨水的酸碱值（用于测量酸度）应该很低——在5和6之间。但如果雨水被污染，它的酸碱值就会上升到4——有的雨水甚至被测出酸碱值为2，和柠檬汁的酸度一样。这对一些森林产生了毁灭性的影响，酸雨毁坏了树叶，冲走了自然的养分，铝之类的有害物质被释放，进入土壤中。

## 面临威胁的大厦

酸雨正威胁着一些世界上最有名的大厦。美国国会大厦的建筑材料中部分含有大理石成分，由于酸雨溶解了大理石的矿物结构，致使小的硅酸盐片掉了下来，因此大厦正在丧失其光滑的表面。同样的事情也发生在意大利的历史名城佛罗伦萨，城市的空气污染与古代大理石表面产生化学反应，使其更无力抵抗酸雨的袭击。即使

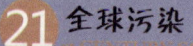

## 21 全球污染

▼ 酸雨毁坏了德国哈尔茨国家公园的云杉。

是未经污染的雨水,也总因与空气中的自然氧化物发生反应而稍微带点酸性。而且,一旦空气被车辆尾气中含有的氮氧化合物和煤炭燃烧时产生的二氧化硫污染,酸度就会飞速上升。

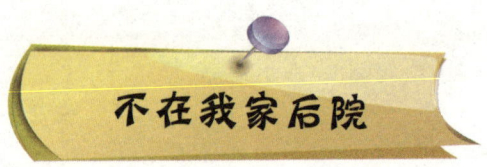

不在我家后院

酸雨通常由工厂的排放物引起,因此一个国家的工业可能会给另一个国家带来酸雨。英国工厂的烟囱要为挪威至少16%的酸雨负责。挪威90%以上的酸污染都来自其他国家。

◀ 意大利佛罗伦萨的建筑物上古老的大理石表面正在遭受酸雨的破坏。

**研究内容**：在一项近期的研究中，科学家想确定酸雨对野生鸟类的栖息地和繁殖造成的影响。

**研究团队**：负责本次调查的是美国康奈尔大学鸟类学实验室的拉尔夫·黑姆斯博士和他的研究小组。

**研究过程**：黑姆斯博士的研究小组追踪了一种特殊的鸟——画眉鸟，它们拥有美丽的歌喉，居住在美国东部山脉斜坡的森林里。从20世纪60年代以来，科学家就观察到这个物种的数量正在减少，但是至今他们研究的重点仍然放在其栖息地的丧失和毁坏上。为了帮助收集画眉鸟的数据，科学家招募了一批业余的鸟类观察员，他们负责观测并记录飞过其居住地的鸟的种类和数量。科学家正在努力寻找酸雨和鸟类繁殖能力障碍之间可能有的联系。

**研究结论**：酸雨已经对树木造成了很多不良影响——从松针和树叶的减少到完全的毁坏。结果是画眉鸟可吃的昆虫越来越少，更容易暴露，遭到天敌的猎杀，因此它们被迫改变筑巢和栖息的习惯。而且，黑姆斯博士说这只是威胁鸟类生存的原因之一。

# 第四章 土地污染

**农业与土地**

乌兹别克斯坦的莫伊纳克镇曾经是咸海上一个繁华的港口，但是近20年来，渔船却被抛弃了，原因是咸海不断枯竭，剩下的海水现在又被农药和化肥严重污染。

21 全球污染
st CENTURY SCIENCE

▼ 在乌兹别克斯坦的莫伊纳克镇，这些搁浅在河床上衰败的渔船见证了曾经从业人员达数千人的捕鱼业的风光。

## 污染的沙漠

在20世纪30年代的时候，为了引水浇灌棉花地，汇入咸海的几个河流都被改了河道。据最新的研究报告称，在不久的将来，咸海的南部很可能会永远消失。棉花种植仍在继续，农民在农作

▼ 一台联合收割机正在采摘棉花。很多国家都种植棉花，主要用来纺线制衣。

物生产中使用了大量的化学品。几十年来奔流入海的农药和化肥意味着当海水枯竭、污染严重时，留下的将是一片沙漠般的土地。当地居民缺少淡水饮用，癌症和肺病的患病率居高不下。

粮食和其他作物的密集型农业生产方式出现还不到一个世纪，但它的影响却极其广泛。新的机器，如联合收割机，以及化学制品，如杀虫剂、化肥和除草剂，让全世界的农民前所未有地从土地中获取了更高的产量。但是过度使用这些有潜在危害的化学品——它们的影响常常要经过很多年以后才见端倪——引起了抗议。

值得思考的事

为响应消费者对不施人工农药、除草剂和不含转基因生物的产品的需求，有机食品运动开展起来。在世界上很多地方，大超市现在进货都进有机产品。农民市场在全欧洲如雨后春笋般蓬勃兴起，消费者可以直接从生产者手中买到本地的农产品、肉类和其他食物。

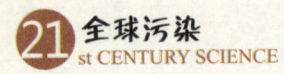

## 母乳是最好的?

母乳对婴儿是最好的——至少许多年来医生是这么告诉我们的。但是现在科学家却警告说,特别脏的污染物也可能以令人担忧的数量存在于母乳中,它们被称为持久性有机污染物。在动物身上已发现它们会引起出生缺陷和行为失常。

## 不会远离的化学品

持久性有机污染物是一些稳定的人工有机化学品,主要用于工业生产。它们包括用在电子产品、涂料、塑料和胶水中的多氯联苯,以及多种来路的二恶英。第一个引起广泛关注、引发美国环境运动的杀虫剂DDT农药也是一种持久性有机污染物。

持久性有机污染物的稳定性使它们非常有用,但是它们不会自然分解的特性也在制造着新的麻烦。虽然目前环境中的持久性有机污染物水平不高,但是当它们进入食物链以后,量就会越积越多。

▶ 有毒塑料化学品的作用类似人造雌性激素，它们可能存在于罐头食品中。

母乳中的持久性有机污染物含量因而可能比环境里的含量要高得多。尽管有这样的发现，但医生还是建议母乳喂养，因为与任何来自持久性有机污染物的潜在危险相比，其积极影响还是更大。

## 12种污染物

2004年，联合国公约实施，将持久性有机污染物中最糟糕的12种化学物质列入黑名单，称作"肮脏的一打"。在被称为《斯德哥尔摩公约》上签字的国家都同意不生产、不使用、不销售持久性有机污染物，而且还要销毁存货。这中间只有DDT例外，因为它在对抗疟疾方面疗效卓著，在全世界很多国家被广泛使用。

◀ DDT喷洒在屋里可以杀死携带疟疾病毒的蚊虫。疟疾每年都要夺走超过100万人的生命。

第四章　土地污染　081

## 课题研究：

### 双酚A是一种污染物吗？

**研究内容**：科学家注意到，当老鼠被关在含有塑料成分双酚A的笼子里后，遭遇了意想不到的基因损害。他们决定调查，看看是不是这种化学品在作怪。

**研究团队**：负责这次调查的是美国俄亥俄州凯斯西储大学的帕特里夏·亨特博士和她的研究小组。

**研究过程**：科学家发现一种清洁剂曾被用来清洗老鼠的水瓶和笼子。这些水瓶将双酚A过滤到瓶内的水里，再通过水进入老鼠体内。笼子同时也在释放这种化学品。研究小组几年来故意将更多的双酚A引入老鼠身上，并将结果与不接触双酚A的老鼠作比较，从而调查双酚A是不是致使基因反常的罪魁祸首。

**研究结论**：研究小组发现，基因问题依赖于吸收的化学品的剂量，损害发生的水平在预想的环境水平之内。进一步的研究正在开展，因为双酚A被广泛用在补牙填充物、防震塑料和食品罐头的内壁中。

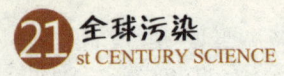

## 政界中毒事件

如果你是在一本描写间谍的惊险小说中读到这个故事的,似乎还有点牵强附会——但它却是真实的。2004年9月,乌克兰反对党领袖维克多·尤先科生了病,他的外貌开始改变,皮肤起了水泡,毁了容。几个月后,测试结果显示,他被人投了毒,用的是目前已知的二恶英中毒性最强的TCDD。尽管遭遇了这次投毒事件,尤先科还是当上了乌克兰的总统,但是这次二恶英中毒事件是一个极端例子,它显示出了这些持久性有机污染物的潜在危险。

## 二恶英的历史

二恶英有着既冗长又悲惨的历史。它们是释放到空气中的有机化学品,既可能是自然事件(如森林大火)引起的,也可能是焚烧垃圾引起的。它们也是生产很多物品(如防腐剂、杀菌剂和除草剂）时产生的有毒副产品。人类使用过的最臭名昭著的二恶英是一种叫"橙剂"的脱叶剂。在越南战争（1959—1975年）期间，美国军队将"橙剂"喷洒到越南森林里，目的是清除掩护敌军的树叶。但是含有高浓度TCDD的"橙剂"造成了严重的后果，也引起了数千儿童的出生缺陷，导致了越南人民和美国士兵的健康出现问题。这个事件的恶果至今依然存在。

有毒的废料

二恶英也是1978年迫使美国尼加拉瓜瀑布附近拉夫运河地区的人们紧急疏散的众多肮脏污染物之一。胡克化学与塑料制品公司买下了部分尚未完工的运河，用于倾倒有毒的废料。虽然事先得到了警告，但新的房屋和学校后来还是直接建在了有毒的倾倒物上。居民开始抱怨孩子经常生病，这个地区癌症和出生缺陷的患病率居高不下。经过当地居民两年的活动，科学调查结果显示当地居民正在遭受着由化学品泄漏所致的染色体损害，美国政府紧急疏散了整个区域的居民，重新安置了800个家庭。

## 全球污染
st CENTURY SCIENCE

▼ 1969年7月越南战争期间,一架第336航空公司的UH—1D型直升机在一片茂密的丛林地区喷洒脱叶剂,即有名的"橙剂"。

**课题研究：**

尤先科总统中毒了吗？

**研究内容**：2004年9月初，乌克兰总统候选人维克多·尤先科的外貌发生了急剧的变化。他宣称自己被政府特工投了毒，但是二恶英真的就是元凶吗？

**研究团队**：负责这次调查的是荷兰阿姆斯特丹自由大学的环境毒理学教授亚伯拉罕·布劳沃和他的团队。

**研究过程**：布劳沃教授提取了尤先科的血样进行分析，他发现血样中二恶英的水平高于正

第四章　土地污染　087

常水平数千倍,事实上,是有记录以来的第二高水平。

**研究结论:** 布劳沃的研究小组将毒物成分缩小到二恶英TCDD(四氯代二苯–并–对二恶英)上,它是目前所知毒性最强的二恶英,是"橙剂"的成分之一。由于它是一种单一的、纯粹的化学品,所以布劳沃教授得出结论,尤先科总统自然中毒的可能性为零。

# 第五章　家里的污染

### 致命的灶火

　　诺尔帕库是一名居住在肯尼亚卡贾多的马赛妇女,她的一天从早上4点生火做饭开始。每天她要花很多时间守在灶火旁,做饭、烧洗澡水和饮用水。平常干活的时候她习惯用传统方式将儿子绑在背上,因此母子俩从早到晚都呼吸着灶火产生的烟尘。

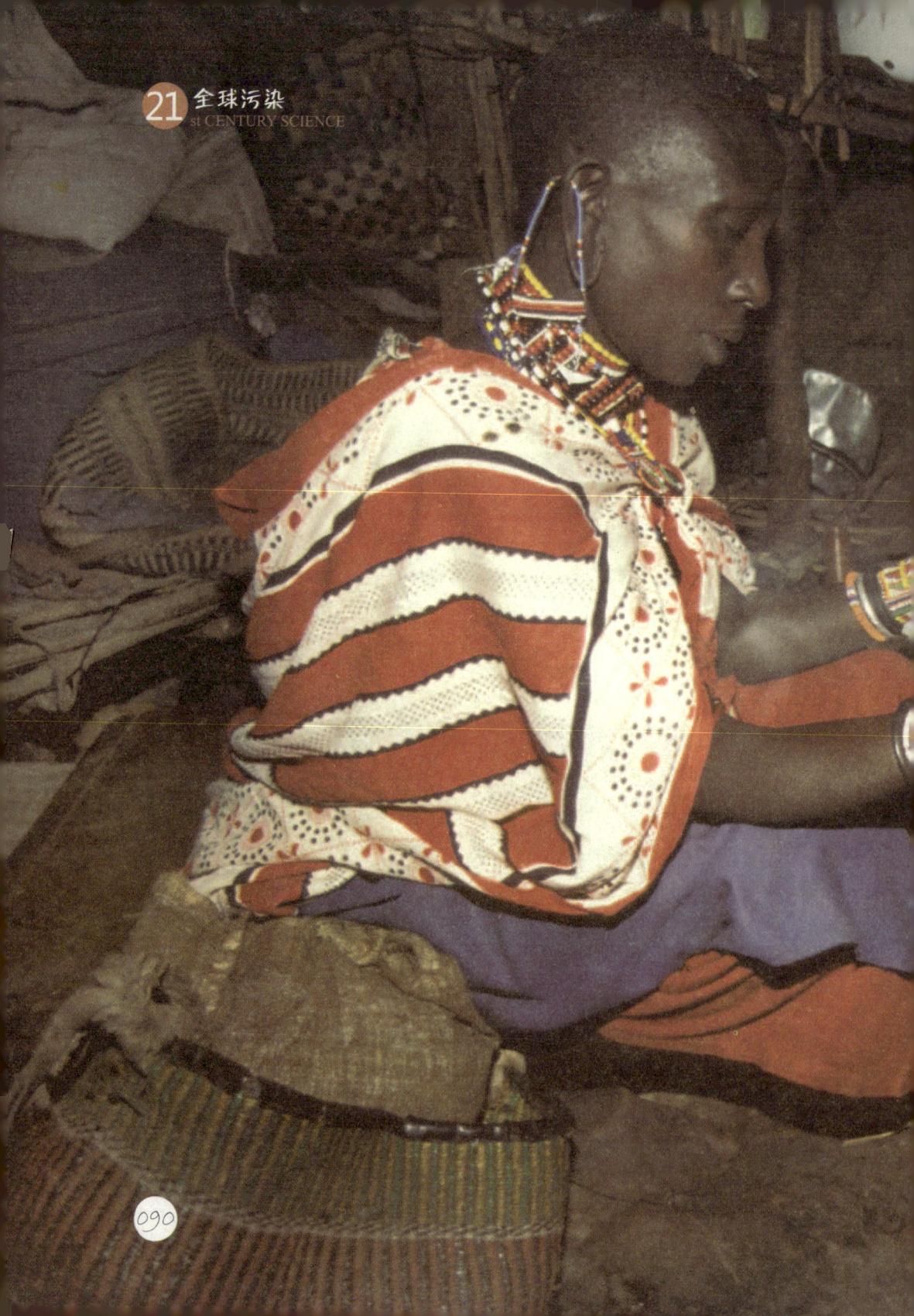

▼ 这名居住在肯尼亚恩贡山博马的马赛妇女正在屋里为家人做饭,她整天都呼吸着明火产生的烟尘。

第五章 家里的污染

## 烹饪的能源

在肯尼亚，只有4%的人口有条件用电，其他人则依靠燃烧木材和粪获取烹饪的能源、学习的灯光、谋生的工具。据世界卫生组织称，室内烟尘每年会导致160万人死亡。它会引起呼吸道感染、肺病、眼耳问题、头疼、气喘、胸痛和眩晕。英国慈善机构

▼ 太阳灶越来越受到人们的欢迎，就像这名生活在阿根廷西北普纳高原的妇女，她发现其实在户外做饭是完全可以接受的。

▲ 食用染料可以让我们的食物看起来更诱人、更有吸引力，但是如果不经彻底检测，它们也可能会引起健康问题。

实践行动组织与肯尼亚的马赛妇女合作开发了一种"排烟罩"，可以将室内烟尘水平降低80%以上。这个排烟罩一边将烟尘抽入烟囱排到室外，一边通过小窗户将干净空气吸入室内。同时，对传统烹饪方式的一些简单改变也能有所帮助，如将锅盖盖在锅上就能加快烹饪的速度。

太阳灶利用太阳能辐射,通过聚光获取热量进行烹饪,它们不烧任何燃料,免费又清洁,如今已在很多地区应用。它们尤其受到居住在柴火紧缺地区——如安第斯山脉——的人们的欢迎。

你喜欢吃炸薯片吗?喜欢喝或吃超市卖的速溶汤或即食餐吗?在2005年年初的头几个星期里,你很可能要考虑再三了。一种食物恐慌的情绪正四处蔓延,起因是科学家在一些食物中检测到一种叫苏丹1号的违禁红色食用染料,追根溯源,是一批由污染的咖喱粉制成的武斯特牌调味汁造成的。对违禁染料的担忧导致了英国史上最大规模的食品召回。

## 食物污染

据专家称,苏丹1号对人体健康的威胁非常小。但是在那一长串关于世界各地食品污染物耸人听闻的故事中,令人恐慌的永远是最新的那个。还记得对养殖鲑鱼中毒的担忧吗?还有箭鱼中

▼ 食品研究员正在收集食品的提取物,通过压缩使其集中,用于检测是否含有农药和化肥。

第五章 家里的污染

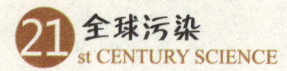

的汞？软饮料中的苯？一些新闻的头条的确变成了官方指南，如限制孕妇对金枪鱼的摄取，因为其潜在的汞含量很高。但是关于我们食物中像苏丹1号这样的污染物的报道注定要继续成为报纸头条。苏丹1号是一种红色染料，用来给非食品类物品染色，如汽油、上光蜡、鞋油和地板蜡等。2003年，在老鼠身上的测验显示出它可能导致膀胱癌和肝癌之后，欧盟严令禁止将其添加到食品中。那么它又是如何进入污染的食品中的呢？

检测，再检测

　　每年英国食品标准机构都会随机检测数百种含有咖喱的进口产品。任何被苏丹1号污染的产品都会被销毁，所有含有染料的进口产品都必须证明不含添加剂。不过官员们认为，这些问题咖喱粉很可能是在禁令实施之前就进入英国了，只不过后来才出现在食品中。

北极的污染

**研究内容**：众所周知，生活在北极边远地区的俄罗斯人使用工业化学品和农药的集中程度相当高。科学家想调查食物中的环境污染物是如何影响居住在格陵兰岛的因纽特人的。

**研究团队**：北极观测和评估项目组是一个由环北极国家资助的科学小组，这次他们与俄罗斯政府、俄罗斯北方原住民协会合作展开调查。

第五章　家里的污染

**研究过程**：医生检测了格陵兰东部新生儿的脐带血和其母亲的乳汁。他们在大量接受测试的因纽特人中发现了含量很高的污染物，这些毒素包括持久性有机污染物，如多氯联苯、汞、铅和镉。

**研究结论**：产生这个问题是因为处在食物链高层的动物，尤其是海洋哺乳动物的体内囤积了毒素，而它们是因纽特人传统饮食中重要的一部分。格陵兰岛自身并不制造影响重大的污染，因此影响因纽特人健康的毒素是那些发达工业国家在别处制造的。

## 陷入困境

你上次买运动鞋的时候是怎么挑选的？很可能你作决定时考虑了款式和价格的因素，却没有留意过污染物的问题。环境保护组织"绿色和平"想改变这种状况，因为新闻报道说大部分品牌的运动鞋都含有你可能不愿贴身穿着的化学品。

## 塑料问题

邻苯二甲酸盐是需要监视的重要物质之一。将它添加到塑料中可以增加其弹性，因此在衣服、家居用品和大品牌的运动鞋中处处可见它的身影。但是，科学家发现邻苯二甲酸盐可能会引起动物激

▶ 在我们日常使用的家居用品中发现了许多含有邻苯二甲酸盐的化学品，它可能会引起过敏和哮喘。

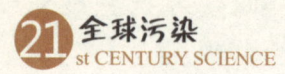

素方面的问题。一项研究表明,它还可能导致男婴生殖器发育异常。据绿色和平称,衣橱并不是这些令人担忧的环境污染物的唯一藏身之地。很多品牌的手机和电脑都包含一种公认的危险物质溴化防火剂,人们正在努力销毁它们。

## 难闻的气味

浴室里的洗发露和沐浴露常常含有人工麝香,即一种洗衣粉和餐具洗洁精中都含有的化学增香剂。它们随着洗澡水流入下水道,然后分解、释放,进入食物链中。经过长时期稳定的积累,麝香可能会再次回到你身边,大量出现在你吃的鱼类中。人工麝香的影响现在还不太清楚,尽管有些研究把它与过敏和哮喘联系在了一起。不过,它很有可能是危害人类健康的未知杀手。

▶ 电脑与手机可能含有危害人体健康的物质。

**研究内容**：邻苯二甲酸盐用于生产塑料、润滑剂和溶剂，在化妆品、医疗器械、玩具、油漆和包装袋中经常可以看见它的踪影。邻苯二甲酸盐究竟对人体健康有什么影响呢？

**研究团队**：负责这次调查的是美国纽约罗切斯特大学生殖流行病研究中心的主任尚恩娜·斯旺博士和她的研究小组。

**研究过程**：在发现暴露于邻苯二甲酸盐中的实验动

物出现异常情况后，科学家检查了134个男婴，并检测了他们母亲血液和尿液中的邻苯二甲酸盐水平。

**研究结论：** 斯旺博士说，虽然儿童容易受到化学品的影响，但是他们没有胎儿那么脆弱。含高水平邻苯二甲酸盐的妇女生育的男孩在生殖器发育方面出现异常情况的可能更高，原因可能是邻苯二甲酸盐抑制了睾丸素的产生，而睾丸素是一种主要的雄性激素。

# 第六章  环境污染

### 星星的诞生

　　一天晚上,美国肯塔基州的观星者杰伊·麦克尼尔通过家中的望远镜看到了一颗新星,它位于猎户星座中,旁边是一片他已经观察过千百次的气体云。杰伊发现新星的消息传到了夏威夷大学的天文学学会,那里的专家用巨大的8M天文望远镜确认了这颗星星。

# 21 全球污染
## st CENTURY SCIENCE

▲ 天文学家把望远镜设在世界上可能发现最清澈、最黑暗的天空的地区，那里头顶上的云量最少，如夏威夷的冒纳凯阿火山。

第六章 环境污染

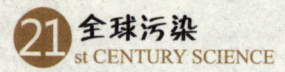

专家们警告，如果你想观察星星，最好现在就行动。由于各种污染的影响，40年后使用各种型号的地面望远镜可能都无法看到它们。

如今，英国已有90%的地方都无法看到银河系的星星了。由于光污染的影响，除了最亮的星星外，其他的都看不见了。光污染指的是那些来自路灯、安全灯和其他任何浪费在天空照明而非地面照明的光。这些光反射到大气层中，当人们仰望夜空时，眼睛习惯了注意那些多余的亮光，因此就看不到星星发出的微光了。

根据最新报道，飞机的尾流也是造成这种现状的原因之一。它们四处散播开去，人们难以从其他遮挡视线的云中辨认出它们

来。与此同时，气候变化也导致云量增多，使人无法从地球表面看到星星。日渐增加的光污染、廉价的航空旅行和气候的变化都意味着任何像山顶这样天空清澈的地方都会很快面临威胁。

## 拯救鲸

2005年6月，澳大利亚西部的海岸边发现了150多只搁浅的鲸，政府号召当地居民一起来帮忙拯救它们。人们争先恐后地涌向海边，按照官方指南的要求"让鲸保持湿润和安静"。在将所

▼ 2005年，志愿者在新西兰南岛的费尔韦尔·斯皮特海滩上拯救搁浅的鲸。

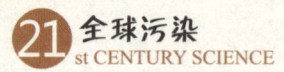

有的鲸送回大海之前，志愿者围绕在它们身边，抚慰它们，甚至做按摩来帮它们保持正常呼吸。最后，报道称只有一只鲸死亡。

## 引起鲸搁浅的噪音

是什么导致了这些鲸大量搁浅呢？一种说法是这种被称为伪虎鲸的鲸严格意义上讲是一种海豚，它们是群居程度非常高的动物。当家族中的一员染病游向岸边时，它的亲属就会跟随它、保护它。但也有一种说法是噪音污染才是真正的罪魁祸首。鲸靠声音交流和导航，它们有一套高度发达的回声定位系统来帮助它们

在水下"用声音看世界"。问题是大海正日渐演变成一个喧嚣的场所,军事活动、石油和天然气钻探,甚至还有水上摩托车和汽艇的声音,这些声音统统交织在了一起。一些研究表明,嘈杂的活动可能会引起鲸和海豚的搁浅。

## 噪音污染

在干燥的土地上,声音会影响我们所有的人。噪音难以躲避,所以很多国家都通过法律将噪音限制在一个合理的水平和时段里。不过,不同的人对噪音污染的定义也必然不同——一个人最喜爱的歌声可能对另一个人来说就是可怕的喧闹声。

◀ 轰隆隆的水上摩托车引起的噪音污染可能会影响包括鲸在内的海洋动物。

第六章 环境污染

**研究内容**：科学家之前已经做过空气污染、铅污染和化学品污染对儿童的影响的调查。然而，直到最近也没有人调查过噪音污染的影响，尤其是那些建在机场附近的学校。一个科学小组调查了飞机的噪音对儿童学习产生的影响。

**研究团队**：负责这次调查的是一个国际性的科研小组，其成员来自英国巴茨医院，瑞典卡罗林斯加研究院、约滕堡和耶夫勒大学，荷兰国立卫生研究院，西班牙国家研究委员会。

**研究过程：** 这个小组查看了收集的2800多个9到10岁儿童的数据，他们都居住在英国希思罗机场、西班牙和荷兰的一些机场附近。科学家对这些儿童进行了检测，并在他们和其父母中间展开了问卷调查。

**研究结论：** 这个小组发现，噪音水平每增加五分贝就可能导致儿童的阅读年龄滞后两个月。一个原因可能是儿童在学会忽略噪音污染的同时也忽略掉了一些重要的声音，如老师的指导。

## 21 全球污染

▲ 切尔诺贝利核电站4号反应堆的核心被遮盖起来，以防止受损反应堆释放的放射性污染进一步扩散。

## 辐射与污染

今天，乌克兰北部的切尔诺贝利是一座鬼城。在经历了史上最严重的核危机后，人们已经紧急撤离了这座城市。1986年4月26日，切尔诺贝利附近的核电站发生爆炸，释放出辐射云，泄漏出放射性物质。接下来的几周里，羽状的放射性污染物漂到苏联西部和东欧地区，最后到达美国东部。乌克兰、白俄罗斯和俄罗斯都出现了严重的污染，20万人被迫重新安置。

## 当时和现在的影响

2005年，国际原子能机构的报告给出了这次事故的伤亡人数：直接导致死亡的56人中，47人为应急人员，其余9人是患甲状腺癌去世的儿童。据估计，有4000人可能最后死于和这次事故相关的疾病。一些环保人士认为，这个数据太过保守。辐射通过电

离原子和分子——把电子逐出它们的轨道——对人体组织造成损害。如果辐射剂量高的话，对人体健康的影响是非常严重的。辐射会破坏细胞再生的能力。如果暴露在像切尔诺贝利事故产生的高强度辐射环境中，人的骨髓就会遭到破坏，而其他一些生长迅速的细胞，如胃细胞，也会受到难以恢复的损害。

## 放射性污染物

人们在日常生活中有时也会不可避免地暴露在辐射中：看病或看牙医的时候，你可能会照X光片；乘坐飞机的时候，你会暴露在宇宙射线产生的辐射中。不过，生活在英国塞拉菲尔德核能回收厂的人们却没有选择的余地。最近的官方报告称，当地出产的海产品、牛奶和肉类在检测中都显示受到了塞拉菲尔德核能收回厂放射性废物的污染，不过污染的水平还不太严重。

▶ 龙虾是众多因塞拉菲尔德放射性物质泄漏影响而接受检测的海产品之一。

**课题研究:**

龙虾与核污染

**研究内容:** 位于英格兰西海岸的塞拉菲尔德核能回收厂过去被称为"风速标尺",它因为1957年10月发生了世界上第一次大规模的核事故而臭名昭著。然而,到底塞拉菲尔德核能回收厂向今天的爱尔兰海释放了多少放射性废料呢?这对爱尔兰和马恩岛又有怎样的影响呢?

**研究团队:** 负责这次调查的研究小组来自马恩岛当地政府与环境部门。

第六章 环境污染

**研究过程**：这个小组的科学家对当地出产的海鲜、牛奶和肉类产品进行了辐射监测。

**研究结论**：爱尔兰海中捕获的龙虾被放射性物质锝-99所污染，锝-99是处理废旧燃料棒时生成的副产品。不过它现在的水平比1998年发现的最高水平低了一半。为了彻底清除锝-99，塞拉菲尔德核能回收厂称他们已经开发出一种新的清理核能废料的方式。

# 第七章　气候变化

## 飓风摧毁新奥尔良

  2005年8月末，飓风卡特里娜摧毁了美国路易斯安那州新奥尔良市的南部。洪水横扫全城80%的地区，导致数百人死亡。半年后，尽管传统的狂欢节来临了，但城里仍然有大片的社区无法居住，据估计，有5000万立方米的瓦砾和垃圾堆放在大街上。

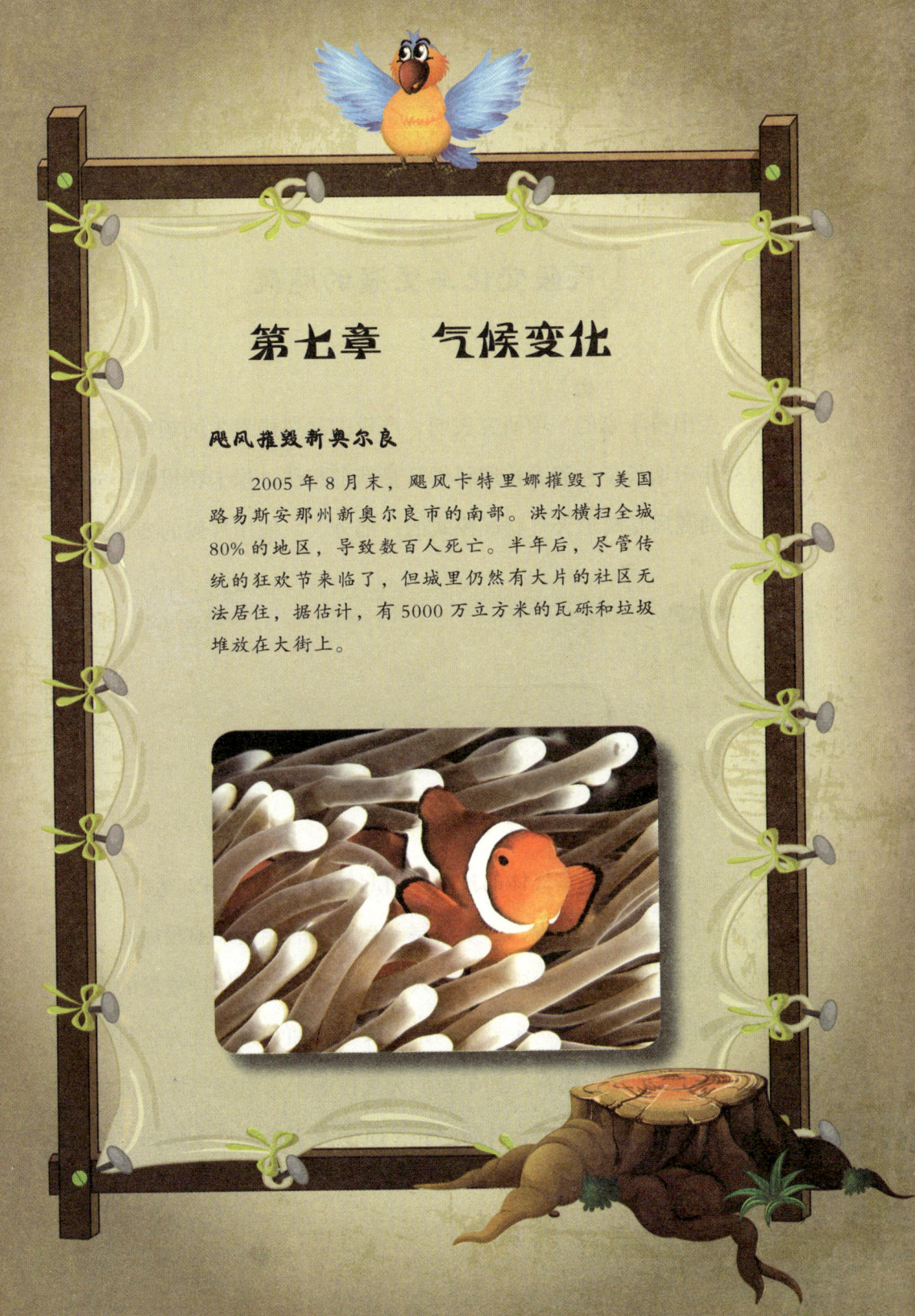

## 气候变化与更强的飓风

美国科学家的一项研究表明,严重的暴风雨发生的频率在过去35年中增长了一倍。按照科学家最新的想法,像卡特里娜这样强大的飓风是畸形天气状况模式的一部分,只能用气候的变化来解释。

## 温室气体

专家认为,温室气体的排放是引起气候变化的元凶。温室效应本身是一种自然过程,靠大气层封存太阳的能量来温暖地球、维持生命,但是二氧化碳和其他人工制造的污染气体排放量的增加却增强了它的影响。头号元凶是以煤、石油和天然气为燃料的发电站燃烧的化石燃料。如果我们无法控制未来温室气体的排放量,糟糕的天气状况就会持续恶化。洪涝灾害会严重威胁到全球

▼ 2005年，在一场大雨和洪水夺走了300人的生命后，印度的村民收集着空军直升机空投的食品包裹。

人民的安全，因为有3亿人口生活在海平面上5米之内。根据英国环境署委托制作的气候模型看，英国的海平面在公元3000年的时候将会上升11米多。

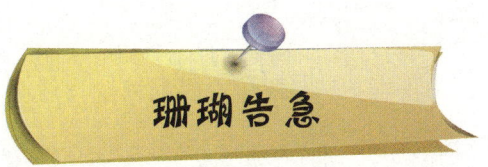

珊瑚告急

　　珊瑚礁是一种令人难以置信的自然现象，是清澈的海水中兼具形与色的活生生的风景画。然而，海洋学家认为气候的变化将使珊瑚礁在下一个50年后永远成为历史。研究结果显示，海洋变

第七章　气候变化　119

得越来越温暖，越来越酸。这个过程阻止了珊瑚的生长——温室气体二氧化碳应受到谴责。

## 碳的循环

正常的话，自然释放的二氧化碳和海洋、植物以及大气层吸收的二氧化碳之间有个自然的平衡，比如，腐烂的植物释放出的碳会被其他生长的植物所吸收。但是当人类燃烧大量的化石燃料，将更多的碳排放到大气层中时，这种平衡就被破坏了。科学家估计，从200年前的工业革命开始以来，人类活动（主要通过燃烧树木、煤炭、天然气和石油）已经排放了8000亿吨二氧化碳，海洋吸收了其中约一半的量。二氧化碳与海水发生反应产生弱酸。因为二氧化碳的水平不断升高，所以海水的酸性也不断增强。之前记录的海洋酸碱值为8.2（酸碱值为7是中性，低于7则是酸性），现在这个数值已经降到了8.1，到本世纪末还可能降到7.7，这是约2000万年来海洋动物和植物经历的酸碱值最大、最快的降幅。

## 没有鳕鱼和炸鱼薯条可吃了？

海水变酸的化学效应之一就是珊瑚和其他硬壳类生物难以从海水中获取骨骼和贝壳生长所需的碳酸钙，因此贝类、蜗牛、海星、海胆、珊瑚以及微小的浮游生物统统都会面临危险，而浮游生物正是我们菜谱上最受欢迎的鱼类（如鳕鱼等）的主要食物。

▼ 当珊瑚礁无法从海水中获取生长所需的碳酸钙时，它们就会死亡。

### 科学生涯

卡萝尔·特利是研究海洋酸化方面的专家,她在海洋生态学和化学领域已经工作了30年。她发现深海生物已经非常适应数千米以下的海洋生活,它们根本无法在别的任何地方生存。

### 一日掠影……

卡萝尔·特利乘坐着研究船环游世界。她的工作包括研究各种大小的海洋生物——从微生物到鱼类——的栖息地,尤其关注海水酸化对一种叫颗石藻的浮游植物的影响,这种植物对地球非常重要，因为它们帮助吸收二氧化碳，并将其转移到海底。

**斯人斯语……**

"海洋变得越来越酸了，因为它们接纳了大气层里的二氧化碳，这些二氧化碳是我们人类在燃烧化石燃料时产生的。海水变酸对海洋生物和生态系统的影响值得关注。重要的是，海洋可以减弱气候变化的影响……但是它们自身也会付出代价。全世界的科学家都把精力放在了寻找海水变酸对海洋生物的影响上。唯一能阻止海洋酸化的方法就是停止燃烧所有的化石燃料。"

## 节能从家开始

我们都可以对自己的生活方式作出一些小小的改变，专家说这对抵抗气候变化真的有用。

## 污染的大气层

不过，我们得抓紧行动喽！地球的气候已经在改变了。自1990年以来，相继出现了史上最热的十个年头，而当前的气候模型预测，下个世纪全球气温还会上升1.4—5.8摄氏度。科学家认为，怪就怪二氧化碳、甲烷和其他的一些温室气体，因为它们污染大气层，扰乱了自然的循环和进程。目前，人类活动导致每年二氧化碳排放量高达约65亿吨，相当于英国每个人都排放了9吨

◀ 在飞去充满异国情调的地方度假前请三思。你不妨调查一下采取什么措施可以抵消碳的影响，以保持气候的平衡状态。

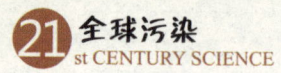

## 全球污染

二氧化碳。的确，比人类活动排放废气更多的是工业生产，但是英国的二氧化碳排放量中有27%直接来源于公民的排放。最新的报告显示，整体排放水平实际上正在上升，而非下降。

有所不同

那么，我们能做什么呢？如果50万人都用节能灯泡代替白炽灯泡，就可以减少令人吃惊的240吨二氧化碳的排放量。如果你选择在国内度假，而不是乘坐飞机到国外去，你就可以作出更大的贡献。自1990年以来，进出欧洲的飞机和轮船的排放量翻了一番多，10年内可能还会再翻一番。

▼ 每年英国仅一个人排放到大气层中的二氧化碳量就可以将五个热气球灌满。

**科学生涯**

妮古拉·斯科菲尔德的专业是生态学，后来她又获得了领导可持续发展的硕士学位。现在她在英国一家名叫"爱护气候"的公司工作，这家公司主要致力于"补偿"温室气体的排放。"补偿"的意思就是出钱请人去减少地球大气层中废气（如二氧化碳等）的排放量，其减少的量正好是因出资人的活动而增加的量。

**一日掠影……**

妮古拉·斯科菲尔德管理与公司客户之间的关系，向他们出售"碳的补偿"，使他们的公司和个人活动不会影响气候的平衡。然后，"爱护气候"公司会用这些资金去支持全世界关于可再生能源、能源的有效利用和森林的恢复方面的项目。

### 斯人斯语……

妮古拉·斯科菲尔德相信她自己的活动不会造成多余的碳排放。"我尽可能地减少碳排放，我通常骑自行车或乘火车出行，并且关注家里的能源使用情况。明年我们计划要去澳大利亚，所以我准备补偿乘坐飞机引起的碳排放。"

# 第八章 未来

**对抗污染**

　　它们可能看起来像普通的铺地砖,实际上却是对抗城市污染的最新工具。这种铺地砖可以将污染水平降低70%以上。它的最上面一层包含了二氧化钛的纳米颗粒,可以与上下班高峰期污染空气中的二氧化氮发生反应,将其分解成无害的盐。同样的技术也应用在抗菌漆中,它可以帮助医院和学校隔离细菌。

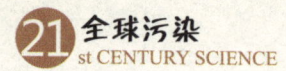

## 当高科技遇上低科技

科学家和发明家不断开发出巧妙的方法来解决全球污染问题。美国加利福尼亚州的研究员正在使用一种高科技和低科技相结合的方法来解决空气污染问题。他们选了20只鸽子，给每只鸽子身上都安装了一个小小的背包，里面装有探测仪、全球卫星定位设备和移动通信设备。当这些鸽子飞到加利福尼亚州上空时，这个科研小组就可以收集到空气质量的数据，并且还能自动发送到网页上。

▶ 随着道路上车流量的不断增加，不少问题也出现了。找到中和或减少污染的方法是至关重要的。

## 并不是一个单纯的科学问题

虽然有成百上千的专家正致力于观测和处理污染及其产生的问题，但是我们不能把所有的工作都留给他们去做。我们的选择直接影响到地球污染问题的规模，我们的承诺——帮助寻找问题的解决之道——也同等重要。

## 寂静的巴士

如果你在冰岛的雷克雅未克等公交车，当它在你不经意间悄无声息地驶来时，请不必吃惊。这个新型的公交车队几乎是无声无息地穿梭于城市之中，因为它们安装的是氢气而非柴油引擎。每辆车车顶都携带着一个液态氢气油箱，在世界上第一个商用氢气加气站加气。氢气与氧气在燃料电池中混合反应产生电力，排出的唯一气体就是水蒸气。

全球污染

◀ 2007年世界太阳能车挑战赛上亮相的"太阳斯坦"太阳能车（由太阳光驱动）。这项赛事每年在澳洲内地举办，从达尔文市到阿德莱德市，赛程绵延3021公里。

## 氢气经济

提起电动车，人们常常会联想到"可靠的送奶车"（一种安静但速度慢、里程短的交通工具），但绝不会把它跟一种速度快、跑得远的交通工具联系起来。不过，冰岛这种使用燃料电池的公交车一箱燃料可以跑200公里，最高时速可达每小时105公里。冰岛计划要成为世界上第一个不依赖化石燃料的国家，这个目标意味着会大量减少污染量，因此在雷克雅未克使用这种公交车只是目标的一部分。交通污染引发了一系列问题，包括排放大量危害健康的烟尘、颗粒以及危害地球的废气。在宣传减少对车的依赖的活动中，人们把重点都放在了鼓励拼车（如果每辆车上只坐一个或两个人，每天路上就有1000万个空座）或短途旅行不要开车上。

## 混合动力车更环保

科学家正在研发在我们的确需要使用时能够跑得更远、污染更少的汽车。到目前为止，最先进的发明之一就是混合了汽油和电力双重动力系统的混合引擎。当你在城市中慢速穿行时，这种汽车便使用电力引擎——它噪音小，几乎没有污染；当你加快速度时，汽油引擎立即介入，因为在高速驰骋时汽油引擎的效率更高；当你刹车时，车上的系统就会给电池充电。

▲ 冰岛的公交车由氢气来驱动，比传统的化石燃料更干净、更经济。

**研究内容**：2005年，一个科学小组制造出一辆由太阳能驱动的汽车，取名努娜3号。它是这个系列的第三代产品，科学家想测试一下，一辆只由干净的太阳能驱动的汽车到底能跑多快。

**研究团队**：他们是来自荷兰德尔夫特技术大学的学生。

**研究过程**：这个小组利用大学里的高科技实验室和工厂来开发努娜3号。这辆车参加了2005年世界太阳能车挑战赛，这项赛事在过去20年间举办了9次，整个赛程横贯澳洲内陆，从达尔文市到阿德莱德市，全长3021公里。这项比赛吸引了来自全世界的发明家和竞赛者。努娜3号最终以每小时103公里的平均速度夺冠，这个成绩比2003年的记录提高了6公里/小时。

**研究结论**：努娜3号证明，对于由太阳能电池提供动力的车，速度并不是问题。现在面临的挑战是制造能普及到日常生活中的新一代太阳能车。

## 停电危机

美国的加利福尼亚州看起来是个财富之地,举世闻名的"硅谷"就坐落在这里。这里拥有众多富于创新精神的高科技公司,包括梦工厂和谷歌。但令人惊讶的是,在2001年这里遭遇了一系列的停电事件,原因是工程师们难以满足民众对电的巨大需求。政府当局将供电问题归咎于人们过度使用耗电的空调设备。

## 化石燃料正在枯竭

过去的100年间,人们在日常生活中已经学会依靠电力来做饭、与人交流、娱乐和进行其他活动。大部分的电力来源于化石燃料的燃烧,这导致了严重的污染问题,而且一旦储备量耗尽,人类将可能面临灾难的威胁。目前的预报显示,天然气和石油的储备量已不足人类使用100年,煤的储备量不足200年。从整个欧洲来看，是该选择更干净的能源来替代传统的煤、石油和天然气发电的时候了。各公司纷纷出售使用绿色能源发的电，或为发展新型可再生能源项目提供资金赞助。风力、太阳能、水力和生物质（动物的粪便或植物油）都是绿色能源。

## 清洁的煤

不过，在像中国和印度这样的发展中国家，煤仍然是大量涌现的发电站使用的重要燃料。新的清洁煤技术有可能让煤成为更环保的能源，它是在煤充分燃烧之前将其转化成气，然后把生成的气体收集、储存起来。不管发生什么，人们需要发展的不仅是新型能源，还有新的生活方式。

▲ 在冰岛，人们在一家名叫蓝色礁湖的水疗馆沐浴，这里的水来自附近的一个地热发电厂。从流动的火山熔岩附近的地下冒出的高温水常被用来驱动涡轮机和发电。

## 名词解释

**酸雨**：指含有高浓度酸化化学品的雨、雪或冻雨。

**生物质**：指所有的生物有机体群，不管是死是活，包括已经转化成煤和石油的物质。生物质通常被用来作为燃料燃烧。

**溴化防火剂**：指一种添加到塑料中起防火作用的化学品，它们会囤积在环境中污染环境。

**二氧化碳**：指化石燃料燃烧时排放的一种温室气体。

**一氧化碳**：指一种没有味道和气味、毒性严重的气体。

**氯氟烃**：指含有碳的一组气体，通常用在冰箱和空调之类的产品中。

**染色体**：指一种所有活细胞中都有的结构组织，它携带着决定细胞功能的基因。

**气候变化**：指天气模式的长期、重大改变，引起这种变化的既可能是自然因素，也可能是人为因素。

**二恶英**：指一种有机化学物，它既可能是经自然事件（如森林大火）释放到空气中的，也可能是人为焚烧垃圾产生的。二恶英也是生产很多物品时产生的有毒副产品。

**欧洲环境卫星**：指欧洲最大、最昂贵的卫星，携带有探测环境用的灵敏的科学仪器。

**食物链**：一个术语，用来描述在一系列有机物中，每个物种依次成为另一个物种的食物的循环。

**化石燃料**：指经过数百万年形成的不可再生物质，如石油、煤或天然气，它们可以燃烧用来作为能源。

**转基因**：指一个活的生物有机体的基因物质发生改变，因而呈现出不同的特点。

**全球变暖**：指地球平均温度的升高，它可能会导致气候变化。

**温室气体**：指地球大气层中隔离太阳热量的气体，如二氧化碳。

**冰核**：指科学家从多年的冰雪堆积物中提取的样本。

**工业革命**：指1760年到1830年间英国发生的一次巨大的社会与技术变革，从此以后机械化生产取代了人工劳动力。

**离子化**：指分离，或转化为离子（充电的原子或原子群）。

**甲烷**：指化石燃料燃烧时排放出的一种温室气体。

**纳米**：纳米技术的简称，指在纳米级别（即0.1到100纳米）上开展的科学和技术。1纳米等于1微米的千分之一，或1毫米的百万分之一。

**氮氧化物**：指汽油燃烧时排放出的一组气体。虽然它们自身无害，但会反应形成二氧化氮，因而引发肺部和呼吸道疾病。

**营养物**：指营养的来源。

**臭氧**：指地球大气层中含三个氧原子的分子。它在地面上是一种空气污染物，但在大气层上方（臭氧层）却可以保护地球免受紫外线辐射的伤害。

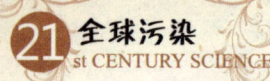

**臭氧无线电探测仪**：指一种轻型的安装在气球上的仪器，气象学家用它来测量大气层的气压、温度和湿度。

**可吸入颗粒**：指科学家所说的极其微小的颗粒，一些是从火山、沙尘暴、火灾和海水喷发时自然产生的，但也有大量是从化石燃料燃烧中产生的。

**泥煤**：指沼泽地区或潮湿地区的一种有机物，在切割、干燥后可用来作为燃料。

**杀虫剂**：指农民用来杀死危害植物、菌类或动物的害虫的化学品。

**酸碱值**：指用来描述物质酸碱度的化学值。

**邻苯二甲酸盐**：指一种添加到塑料中增加其弹性的化学品。

**持久性有机污染物**：指一组稳定的、人工有机化学品，主要用于工业生产，会沉积在环境中污染环境。

**辐射**：指热与光的排放，经转化成为射线。

**扫描成像吸收光谱仪**：指欧洲环境卫星上搭载的一种观测仪器。

**沉积物**：指溪流、湖泊和海洋底部沉淀积累的物质。

**烟雾**：指发生在重度污染情况中的烟雾或尘雾。

**有毒的**：中毒的，能够导致死亡或受伤的。

**毒素**：指活的有机物或工业生产产生的有毒物质。